地区电网
典型事故调度处理方案

董建达　翁格平　李丰伟　编著

中国电力出版社
CHINA ELECTRIC POWER PRESS

内容提要

针对地市电网规模不断扩大和各类主要典型事故及故障情况，结合生产实际编写了《地区电网典型事故调度处理方案》一书。

本书理论联系实际，充分体现事故处理准确、快速的要求，分为主变压器故障、母线故障、线路故障、35kV 及以下母线电压异常四章，各章节根据故障现象、常见原因、影响范围、处理方案等方面进行论述。

本书可作为全国地市供电企业电网调控人员的培训用书，也可作为电网调控、检修、运行人员的电网事故处理参考书。

图书在版编目（CIP）数据

地区电网典型事故调度处理方案／董建达，翁格平，李丰伟编著. —北京：中国电力出版社，2013.3（2019.3 重印）
ISBN 978-7-5123-4175-3

Ⅰ. ①地… Ⅱ. ①董… ②翁… ③李… Ⅲ. ①地区电网－电力系统调度－事故处理 Ⅳ. ①TM73

中国版本图书馆 CIP 数据核字（2013）第 046936 号

中国电力出版社出版、发行
（北京市东城区北京站西街 19 号 100005 http://www.cepp.sgcc.com.cn）
三河市万龙印装有限公司
各地新华书店经售

*

2013 年 3 月第一版 2019 年 3 月北京第二次印刷
850 毫米×1168 毫米 32 开本 2 印张 43 千字
印数 3001—4000 册 定价 **18.00** 元

编 委 会

前　言

经济的高速发展，以及电力设备和技术的日新月异，都对电网调控运行提出了更高的要求。调控岗位已经不能单纯凭借个人认知来驾驭整个电网。

为了提高调控人员处理电网异常问题的能力，特编制了《地区电网典型事故调度处理方案》一书。

全书总结宁波电网调度运行的经验，涵盖了地调管辖范围内各类主要设备的典型事故处理，整合了相关设备运行规程及事故管理规定内的处理要点。各章节根据设备故障现象、常见原因、影响范围、处理方案等方面进行论述，指导日常调控工作，具有较高的适用普遍性和应用价值。

全书由宁波电业局电力调度控制中心组织编写。第一章主要由胡勤编写；第二章主要由黄森炯编写；第三章主要由任雷编写；第四章主要由谢宇哲编写。编委会所有成员对相关章节进行了补充修改，全书由董建达担任主编，由翁格平、李丰伟、陈东海、项中明担任副主编。顾伟担任主审，谢宇哲、胡勤参审。

本书在编写过程中，得到了浙江电力调控中心和宁波电业局其他部门有关人员的关心和技术支持，在此表示衷心的感谢。

限于作者水平，疏漏之处在所难免，恳请各位专家和读者提出宝贵意见。

编著者

2013 年 3 月 28 日

目　录

第一章
主变压器故障

一、主变压器故障的原因

主变压器故障是指变压器因各种原因,导致变压器保护动作,变压器的各侧断路器跳闸。引起主变压器故障的原因和种类也极其复杂,概括而言有:

(1)制造缺陷,包括设计不合理,材料质量不良,工艺不佳;现场安装质量不高。

(2)运行或操作不当,如过负荷运行、系统故障时承受故障冲击;运行的外界条件恶劣,如污染严重、运行温度高。

(3)维护管理不善或外力破坏。

(4)变压器内部故障,包括磁路故障、绕组故障、绝缘系统中的故障、结构件和组件故障。

(5)变压器外部故障,包括变压器严重渗油,冷却系统故障,传动装置及控制设备故障,引线及所属隔离开关、断路器发生故障引起变压器跳闸或退出运行。

二、主变压器故障对电网的影响

(1)变压器跳闸后,最直接的后果是使相关联变压器负荷短时间大幅增加甚至过负荷运行,相关联变压器运行风险增大。

(2)当系统中重要的联络变压器跳闸后,还会导致电网的结构发生重大变化,导致大范围潮流转移,使相关线路超过稳定极限,如电磁环网中的联络变压器。某些重要的联络变压器跳闸甚至会引起局部电网解列。

(3)负荷变压器跳闸后,使得原本双电源供电的用户变成单电源供电,降低了供电的可靠性或直接损失大量的用户负荷。

(4)中性点接地变压器跳闸后造成序网参数变化,从而影响相关零序保护配置，并对设备绝缘构成威胁。

三、主变压器故障事故处理基本原则

（1）变压器的瓦斯、差动保护同时动作断路器跳闸，未经查明原因和消除故障以前，不得进行强送。

（2）变压器差动保护动作跳闸，经外部检查无明显故障，且变压器跳闸时电网无冲击，经请示主管领导后可试送一次。对于110kV 及以上电压等级的变压器重瓦斯保护动作跳闸后，即使经外部和气体性质检查无明显故障，亦不允许强送。除非已找到确切依据证明重瓦斯保护误动，方可强送。如找不到确切原因，则应测量变压器绕组直流电阻、进行色谱分析等试验，证明无问题，才可强送。

（3）变压器后备保护动作跳闸，运行值班人员应检查主变压器及母线等所有一次设备有无明显故障，检查出线断路器保护有无动作。经检查属于出线故障断路器拒动引起，应拉开拒动断路器后，对变压器试送一次。

（4）变压器过负荷及异常情况时，按变压器运行规程或现场规程处理（有特殊或临时规定的，则按该规定处理）。

主变压器故障事故处理基本原则汇总见表 1-1。

表 1-1　　　　　主变压器故障事故处理基本原则

主变压器的瓦斯、差动保护同时动作断路器跳闸	未经查明原因和消除故障以前，不得进行强送
主变压器差动保护动作跳闸，经外部检查无明显故障，且变压器跳闸时系统无冲击，故障录波器无故障电流记录	请示主管领导后可试送一次
主变压器重瓦斯保护动作跳闸	即使经外部和气体性质检查，无明显故障亦不允许强送。除非已找到确切依据证明重瓦斯保护误动，方可强送。如找不到确切原因，则应测量变压器绕组直流电阻、进行色谱分析等试验，证明无问题，才可强送

续表

主变压器后备保护动作跳闸	检查主变压器及母线等所有一次设备有无明显故障，检查出线开关保护有无动作。经检查属于出线故障断路器拒动引起，应拉开拒动断路器后，对变压器试送一次

第二节　220kV 变电站主变压器故障处理

一、单台主变压器运行的 220kV 变电站

1. 事故后状态说明

单台主变压器的 220kV 变电站接线如图 1-1 所示。主变压器故障跳闸后 110kV、35kV 母线失电。

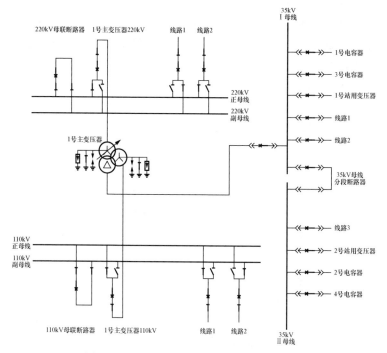

图 1-1　单台主变压器的 220kV 变电站接线图

2. 处理要点

若主变压器故障差动保护动作，短时内无法恢复送电，在确认故障点隔离后，应考虑通过外来电源倒入 35kV 母线供所用电（如果无法通过外来电源倒入，应安排发电车）。

110kV 外来电源倒送电转供重要负荷。如果所供下级变电站失电后通过备用电源自动投入装置（BZT）动作倒至其他线路供电的，应注意新带负荷的变电站主变压器或线路有无过负荷。短时失电的下级变电站应注意 BZT、线路保护等按规定投退。

二、两台主变压器运行的 220kV 变电站

（一）全并列运行

1. 事故后状态说明

两台主变压器全并列运行的 220kV 变电站接线如图 1-2 所示。该运行方式下的变电站内一台主变压器故障跳闸后不会造成失电，但很有可能造成另一台主变压器过负荷。在确认故障主变压器各侧断路器跳闸后，此时首先要处理的不是跳闸主变压器，而是要先确保另一台主变压器能够正常运行。

2. 处理要点

如果有主变压器过负荷现象，可参考下列步骤处理：

（1）如果该变电站无主变压器过负荷联切负荷装置或该装置未投入或未正确动作，降到允许过负荷倍数以下即停止操作，并立即汇报地调及各相关县调，由地调负责在主变压器允许过负荷倍数规定的处理时间内进一步控制主变压器至额定负荷以内。

（2）主变压器过负荷联切负荷装置正确动作后，如果主变压器仍然过负荷，但在该主变压器允许过负荷倍数以内，地调调度员可通过让相关县调拉限电或转移负荷的方式来控制负荷，应参照 220kV 主变压器过负荷能力表，在主变压器允许过负荷倍数规定的处理时间内控制主变压器至额定负荷以内。如

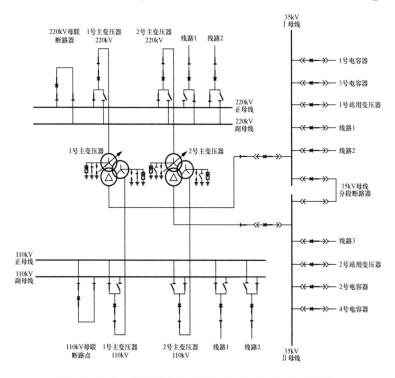

图 1-2　两台主变压器全并列运行的 220kV 变电站接线图

果控制效果不明显，则可按照紧急限电序位表中排定顺序依次拉路限电。

（3）如果该变电站下并网电厂机组没有全出力发电，可通知其全出力顶峰发电。

（4）如果有备用主变压器，可考虑投入（如果操作方便的话，可优先考虑）。

（5）如果是三绕组变压器，还应确保 220kV、110kV 都有中性点接地（包括相应保护调整）；如果跳闸主变压器消弧线圈是接地的，则剩下的一台也要保证主变压器消弧线圈接地；如果是投入主变压器过负荷联切负荷装置的，则应停用。

（二）分列运行

1. 事故后状态说明

两台主变压器分列运行的 220kV 变电站接线如图 1-3 所示。分列运行包括全分列、中低压侧分列、低压侧分列，低压侧分列根据分列点位置不同又可分为母分处分列和主变压器低压侧断路器处分列。

该运行方式下的变电站内一台主变压器故障跳闸后不会造成全站失电，但可能引起部分母线失电。

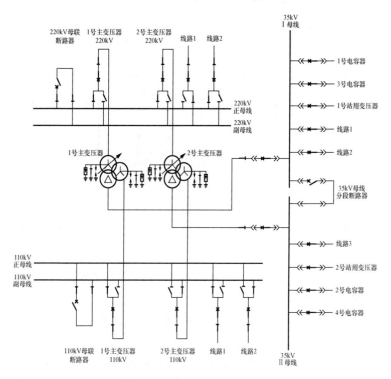

图 1-3　两台主变压器分列运行的 220kV 变电站接线图

2. 处理要点

如果是故障主变压器主保护动作引起其所接中低压侧母线失

电的，在确认隔离故障点、检查失电母线无损伤后，可以用母联或母分断路器送电，但应考虑不要使主变压器过负荷，投入相应的保护，逐级送出负荷；如果造成站用电失去的，应考虑恢复所用电。

如果母分 BZT 动作将失电母线倒至正常运行主变压器供电，或者该母线所带下级变电站失电后通过 BZT 动作倒至备用线路供电的，都应注意新带该负荷的变电站主变压器或线路有无过负荷可能。短时失电的下级变电站应注意 BZT、线路保护等按规定投退。

如果该变电站剩下的一台主变有过负荷现象，可参考下列步骤处理：

（1）如果该变电站下并网机组没有发足，可通知其全出力顶峰发电。

（2）如果有备用主变压器，可考虑投入（如果操作方便的话，可优先考虑）。

（3）如果主变压器虽然短时过负荷，但在该主变压器允许过负荷倍数以内，地调调度员可通过让相关县调拉电或转移负荷的方式来控制负荷，应参照 220kV 主变压器过负荷能力表，在主变压器允许过负荷倍数规定的处理时间内控制主变压器至额定负荷以内。如果控制效果不明显，则可按照紧急限电序位表中排定顺序依次拉电限电。

三、三台主变压器运行的 220kV 变电站

（一）全并列运行

1. 事故后状态说明

三台主变压器全并列运行的 220kV 变电站接线如图 1-4 所示。该运行方式下的变电站内一台主变压器故障跳闸后不会造成失电，但有可能造成过负荷。在确认故障主变压器各侧断路器跳闸后，此时首先要处理的不是跳闸主变压器，而是要先确保该变电站内另两台主变压器能正常运行。

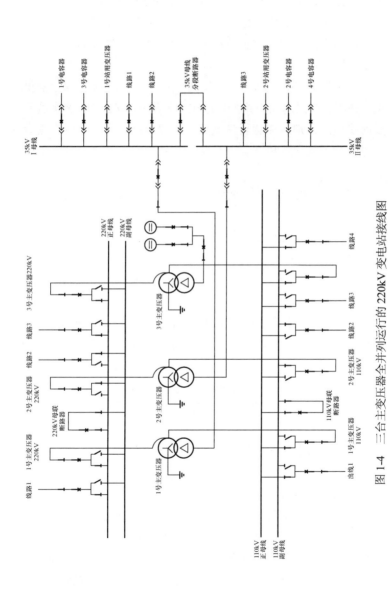

图1-4 三台主变压器全并列运行的220kV变电站接线图

2. 处理要点

如果有主变压器过负荷现象，可参考下列步骤处理：

（1）如果该变电站无主变压器过负荷联切负荷装置或该装置未投入或未正确动作，运行主变压器严重过负荷且超过该主变压器允许过负荷倍数时，变电站值长应立即自行按照紧急限电序位表中排定顺序依次拉路限电，尽快将主变压器负荷控制在允许范围内；一旦主变压器负荷率下降到允许过负荷倍数以下即停止操作，并立即汇报地调及各相关县调，由地调负责在主变压器允许过负荷倍数规定的处理时间内进一步控制主变压器至额定负荷以内。

（2）主变压器过负荷联切负荷装置正确动作后，如果主变压器仍然过负荷，但在该主变压器允许过负荷倍数以内，地调调度员可通过让相关县调拉电或转移负荷的方式来控制负荷，应参照 220kV 主变压器过负荷能力表，在主变压器允许过负荷倍数规定的处理时间内控制主变压器至额定负荷以内。如果控制效果不明显，则可按照紧急限电序位表中排定顺序依次拉路限电。

（3）如果该变电站下并网机组没有发足，可通知其全出力顶峰发电。

（4）如果是三绕组变压器，还应确保 220kV、110kV 都有中性点接地（包括相应保护调整）；如果是投入主变压器过负荷联切负荷装置的，要看其是否还适用，以便做相应调整。

（二）分列运行

三台主变压器分列运行的 220kV 变电站接线如图 1-5 所示。三台主变压器运行一般采取中低压侧分列的运行方式，110kV 侧有两台主变压器断路器在同一条母线上，当这两台主变压器的其中一台故障跳闸时，不会造成 110kV 母线失电，而单独在一条 110kV 母线运行的主变压器故障跳闸时，则会造成 110kV 母线失电。据此，再将三台主变压器分列运行方式分为

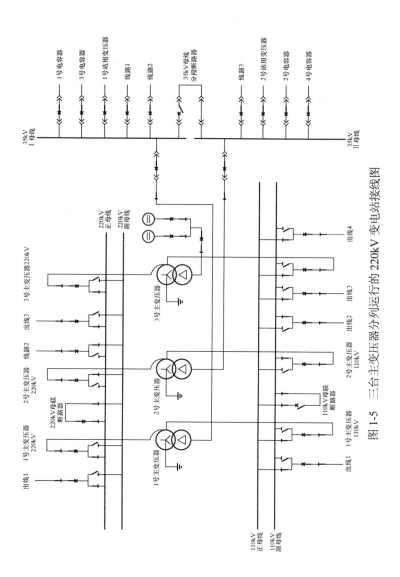

图 1-5　三台主变压器分列运行的 220kV 变电站接线图

会造成 110kV 母线失电的和不会造成 110kV 母线失电的两种情况。

1. 造成 110kV 母线失电的分列运行

（1）事故后状态说明。

单独在一条 110kV 母线运行的主变压器故障跳闸时，则会造成 110kV 母线失电。该母线所带下级变电站失电，或通过 BZT 动作倒至其他线路供电，或者低压侧母分 BZT 动作将失电母线带到正常运行主变压器，应注意新带该负荷的变电站主变压器或线路有无过负荷可能。应注意 BZT、线路保护等按规定投退。

（2）处理要点。

在确认隔离故障点、检查失电母线无损伤后，可以用母联或母分断路器对母线送电，但应考虑不要使运行主变压器过负荷，最好逐级送，投入相应的保护。

母线试送成功后，应使两台运行主变压器的 220kV、110kV 断路器分别接正、副母线运行。

如果造成所用电失去的，应及时恢复所用电。

如果该变电站运行主变压器中有过负荷现象，可参考下列步骤处理：

1）如果该变电站下并网机组没有发足，可通知其全出力顶峰发电。

2）如果主变压器虽然短时过负荷，但在该主变压器允许过负荷倍数以内，地调调度员可通过让相关县调拉电或转移负荷的方式来控制负荷，应参照 220kV 主变压器过负荷能力表，在主变压器允许过负荷倍数规定的处理时间内控制主变压器至额定负荷以内。如果控制效果不明显，则可按照紧急限电序位表中排定顺序依次拉路限电。

注意：该运行方式下的变电站即使有主变压器短时过负荷，一般情况下过负荷也不会很严重，故使用紧急限电序位表时需谨慎。

2. 不会造成 110kV 母线失电的分列运行

（1）事故后状态说明。

同一条 110kV 母线上的两台主变压器其中一台故障跳闸时，不会造 110kV 母线失电。如果低压侧母分 BZT 动作将失电母线带到正常运行主变压器，应注意新带该负荷的主变压器有无过负荷可能。

（2）处理要点。

如果该变电站运行主变压器中有过负荷现象，可参考下列步骤处理：

1）如果该变电站下并网机组没有发足，可通知其全出力顶峰发电。

2）如果 110kV 母联断路器并列后可消除过负荷，只要上级电源是同一系统，应优先考虑并列运行（即便不能完全消除过负荷，能减轻的话也很重要）。

3）如果并列运行后主变压器仍短时过负荷，但在该主变压器允许过负荷倍数以内，地调调度员可通过让相关县调拉电或转移负荷的方式来控制负荷，应参照 220kV 主变压器过负荷能力表，在主变压器允许过负荷倍数规定的处理时间内控制主变压器至额定负荷以内。如果控制效果不明显，则可按照紧急限电序位表中排定顺序依次拉路限电。

注意：该运行方式下的变电站即使有主变压器短时过负荷，一般情况下过负荷也不会很严重，故使用紧急限电序位表时需谨慎。

如果低压侧有失电，在确认隔离故障点、检查失电母线无损伤后，可以用母分断路器送电，但应考虑不要使运行主变压器过负荷，最好逐级送，投入相应的保护。

如果造成所用电失去的，应考虑恢复所用电。

应使剩余两台运行主变压器的 220kV、110kV 断路器分别接正、副母线运行；投入主变压器过负荷联切负荷装置的，应做相应调整。

▶ 第三节　110kV 变电站主变压器故障处理

110kV 变电站主变压器故障关于过负荷、失电、所用电、消弧线圈方式等的处理，可参见本章第二节 220kV 变电站主变压器故障处理。

一、线路—变压器组接线

线路—变压器组变电站接线如图 1-6 所示。一般采用分列运行方式，主变压器故障跳闸后，一般情况下 BZT 动作将负荷带到其他运行主变压器，这时可能造成主变压器过负荷；如果 BZT 动作不成功，则会造成失电。

二、内桥接线

一般采用全并列或低压侧分列运行。110kV 内桥变电站接线如图 1-7 所示。

1. 对于全并列的内桥接线

如果备用线路侧主变压器故障跳闸，不会造成失电，可能造成过负荷。

如果主供线路侧主变压器故障跳闸，BZT 动作可能会造成短时失电，也可能会造成过负荷。

2. 对于低压侧分列运行的内桥接线

如果主变压器故障跳闸，可能造成失电和过负荷。

如果 110kV 线路有保护，应根据保护投退原则处理；隔离故障主变压器 110kV 可以恢复备用方式；相关变电站的 110kV BZT 如果不满足投入条件，应考虑退出；110kV 无 BZT（或停用时），可能造成全站失电。

三、单母、单母分段接线

1. 对于单母接线

一般采用全并列或低压侧分列运行。

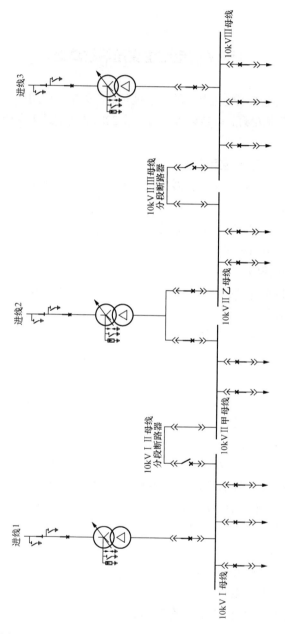

图 1-6　线路—变压器组变电站接线图

14

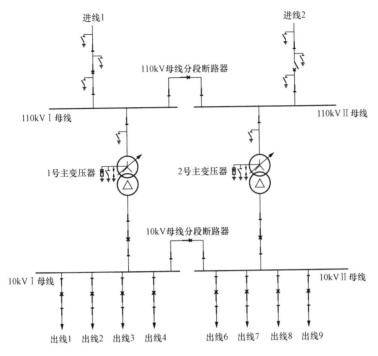

图 1-7　110kV 内桥变电站接线图

　　如果采用全并列运行方式，其中一台主变压器故障跳闸，不会造成失电，可能造成另一台主变压器过负荷。

　　如果采用低压侧分列运行，其中一台主变压器故障跳闸，BZT 动作可能会造成短时失电，也可能会造成另一台主变压器过负荷。

　　2. 对于单母分段接线

　　一般采用全分列运行。

　　如果其中一台主变压器故障跳闸，低压侧 BZT 动作可能会造成短时失电，也可能会造成另一台主变压器过负荷。

第二章

母 线 故 障

第一节 母线故障概述

一、母线故障的原因

母线故障是指由于各种原因导致母线电压为零，而连接在该母线上正常运行的断路器全部或部分在分闸位置。引起母线故障的种类，主要有：

（1）母线及连接在母线上运行的设备（包括断路器、避雷器、隔离开关、支持绝缘子、引线、电压互感器等）发生故障。

（2）出线故障时，连接在母线上运行的断路器拒动，导致失灵保护动作使母线停电。

（3）母线上元件故障，其保护拒动时，依靠相邻元件的后背保护动作切除故障时，导致母线停电。

（4）发电厂内部事故，使联络线跳闸，导致全厂停电。

（5）母线及其引线的绝缘子闪络或击穿，或支持绝缘子断裂、倾斜。

（6）直接通过隔离开关连接在母线上的电压互感器和避雷器发生故障。

（7）GIS 母线故障，当 GIS 母线 SF_6 气体泄漏严重时，会导致母线短路故障。

二、母线故障对电网的影响

母线是电网中汇集、分配和交换电能的设备，一旦发生故障会对电网产生重大不利影响。

（1）母线故障后，连接在母线上的所有断路器均断开，电网结构会发生重大变化，尤其是双母线同时故障时，甚至直接造成电网解列运行，电网潮流发生大范围转移，电网结构较故障前薄弱，抵制再次故障的能力大幅度下降。

（2）母线故障后，连接在母线上的负荷变压器、负荷线路停电，可能会直接造成用户停电。

（3）对于只有一台变压器中性点接地的变电站，当该变压器所在的母线故障时，该变电站将失去中性点运行。

（4）3/2 接线方式的变电站，当所有元件均在运行的情况下发生单条母线故障，将不会造成线路或变压器停电。

三、母线故障处理基本原则

1. 变电站母线事故处理

220kV 双母线接线如图 2-1 所示。当母线发生故障停电后，现场运行值班人员应对停电的有关设备进行检查，再将检查情况详细报告地调值班调度员。值班调度员按下列原则进行处理：

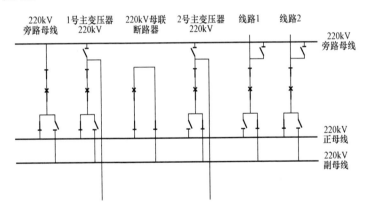

图 2-1　220kV 双母线接线图

（1）找到故障点并能迅速隔离的，隔离故障后对停电的母线恢复送电。

（2）找到故障点但不能迅速隔离的，若系双母线中的一组母线故障时，应将故障母线上的各元件检查确无故障后倒至运行母线（冷倒）并恢复送电，对联络线要防止非同期合闸。

（3）通过检查和测试不能找到故障点时，尽量利用外来电源对故障母线进行试送电；对发电厂的母线故障，如电源允许，可对母线进行零起升压。

（4）如只有用本厂、站电源试送时，试送断路器必须完好，并将该断路器保护时间整定值改短（具有快速保护）后进行试送；有充电保护的，尽可能用该保护。

2. 发电厂、变电站母线电压消失事故处理

（1）母线电压消失是指母线本身无故障而失去电源，一般是由于电网故障、继电保护误动或该母线上出线、变压器等设备故障本身断路器拒动，而使连接在该母线上所有电源越级跳闸所致。判断母线电压消失的依据是同时出现下列现象：

1）该母线的电压表指示消失；

2）该母线的各出线及变压器负荷消失（主要看电流表指示为零）；

3）由该母线供电的所用电失压。

（2）当发电厂母线电压消失时，无论当时情况如何，发电厂的运行值班人员应立即拉开失压母线上所有电源断路器，同时设法恢复受影响的厂用电，并迅速将情况报告调度，等候处理。

（3）当变电站母线电压消失时，经判断并非由于本变电站母线故障或馈线故障断路器拒动所造成，现场运行值班人员必须立即向地调值班调度员报告。

（4）处理原则如下：

1）单电源变电站可不作任何操作，等待来电；

2）对装有线路备用电源自投装置的多电源供电的母线失压，如因备用电源自动装置拒动，则运行值班人员按该装置动作顺序自行进行操作应拉开原电源及联切断路器，合上备用电源断路器，事后报告值班调度员；

3）正常按单电源供电的多电源变电站，经报告调度后拉开原电源断路器，以备用线路电源试送母线。

第二节　220kV变电站母线故障处理

一、220kV双母线运行时单母线故障处理

1. 事故后状态说明

220kV双母线正常运行时单母线故障，母差保护正确动作切除故障母线上所有断路器，无故障母线正常运行。220kV双母线运行时单母线故障后接线图如图2-2所示。

如果起始状态为主变压器中低压侧分列运行，将造成该故障母线对应主变压器、110kV母线失电，35kV母线可能失电；注意35kV母线分段BZT动作情况和失电设备的断路器状态。

如果起始状态为主变压器三侧并列运行，可能造成主变压器过负荷联切负荷装置动作，切除相应线路，注意运行主变压器中性点接地情况，故障母线对应主变压器110kV、35kV断路器状态。

2. 处理要点

（1）需掌握的信息。

1）变电站内一、二次设备动作情况：断路器、母差保护、线路、主变压器保护、BZT、主变压器过载联切负荷装置等动作情况；

2）一次设备损伤情况：母差范围内有无明显故障点、附近设备受影响情况等；

3）失电情况：本变电站及下送变电站等；

4）变电站内的其他情况，例如主变压器负荷、母线电压等；

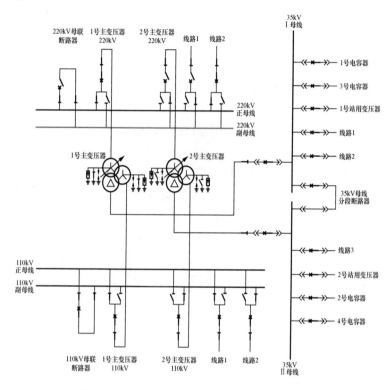

图 2-2　220kV 双母线运行时单母线故障后接线图

5）电网的其他情况，例如联络 220kV 变电站负荷增大、一母线带多个变压器等。

（2）处理方案。

1）如果能找到故障点并迅速隔离的，在隔离故障后对停电母线恢复送电，可采用母联断路器过流解列保护，时间 0s 跳闸；

2）如果能找到故障点但不能迅速隔离的，应检查故障母线上主变压器断路器等各元件，确认无故障后，将其冷倒至运行母线并恢复供电，然后逐级送电，对线路送电前需了解线路对侧情况；

3）如果经外部检查找不到故障点时，建议做母线绝缘试验，应用外来电源对故障母线进行试送电，此时注意对侧线路保护灵敏段时限改短，建议重合闸改信号；

4）失电的 110kV 变电站可转移至备用线路供电的，应充分考虑负荷情况及转移方案，防止出现设备过负荷等问题。

（3）注意事项。

1）若该变电站 220kV 母线为省调管辖，则地调配合省调进行事故处理；

2）注意设备过负荷情况，处理过程中防止出现其他设备过负荷；

3）事故后需检查主变压器 220kV、110kV 中性点接地情况；

4）注意事故后长距离输电低电压，110kV 保护不配等问题；

5）保护及自动装置作相应调整；

6）合环倒负荷过程中，需确认 220kV 为同一系统；

7）220kV 联络线需防止非同期合闸。

（4）应用举例。

220kV 双母线接线变电站正常运行时单母线故障。

二、母线故障造成 220kV 母线全停故障处理

1. 事故后状态说明

220kV 母线故障时母差保护正确动作，切除故障母线上所有断路器。将造成该变电站全停，站用电失去。220kV 双母线全停故障后接线图如图 2-3 所示。

2. 处理要点

（1）需掌握的信息。

1）变电站内一、二次设备动作情况：断路器、母差保护、线路、主变压器保护、BZT、主变压器过负荷联切负荷装置等动作情况；

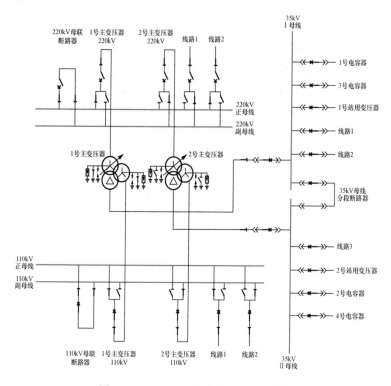

图 2-3 220kV 双母线全停故障后接线图

2）一次设备损伤情况：母差保护范围内有无明显故障点、附近设备受影响情况等；

3）失电情况：本变电站及下送变电站等；

4）变电站内的其他情况，例如主变压器负荷、母线电压等；

5）电网的其他情况，例如联络 220kV 变电站负荷增大、一母线带多个变压器等。

（2）处理方案。

1）如果能找到故障点并迅速隔离或经外部检查找不到故障点时，均用外来电源对故障母线进行试送电，此时注意对侧线路保护灵敏段时限改短，试送前建议将送电端线路重合闸改为信号状态，如果试送成功则逐级恢复送电；

2）如果 220kV 母线不能及时恢复送电，考虑 110kV 倒送电转供重要负荷，同时县调配合恢复 220kV 变电站所用电；

3）失电的 110kV 变电站可转移至备用线路供电的，应充分考虑负荷情况及转移方案，防止出现设备过负荷等问题。

（3）注意事项。

1）若该变电站 220kV 母线为省调管辖，则地调配合省调进行事故处理；

2）注意设备过负荷情况，处理过程中防止出现其他设备过负荷；

3）注意事故后长距离输电末端低电压、110kV 保护不配等问题；

4）保护及自动装置作相应调整；

5）合环倒负荷过程中需确认 220kV 为同一系统；

6）220kV 联络线需防止非同期合闸；

7）所用电失去后蓄电池运行时间约为 2h，注意通过安排外来电源倒入或发电车等方法尽快恢复所用电电源，供主变压器冷却器、交流电机、直流负荷等。

（4）应用举例。

220kV 变电站 220kV 母线一般采取双母线接线方式，供电可靠性相对较高。但是当发生 220kV 双母线同时故障或检修方式下单母线运行时母线故障等情况，将导致全站 220kV 母线全停。

三、110kV 双母线运行时单母线故障处理

1. 事故后状态说明

110kV 双母线运行时单母线故障，110kV 母差保护正确动作，切除故障母线上所有断路器。注意 110kV 运行母线上主变压器 110kV 中性点接地情况。110kV 双母线运行时单母线故障后接线图如图 2-4 所示。

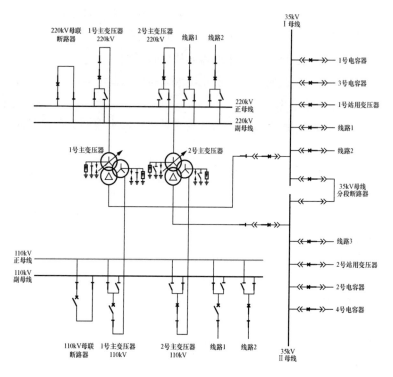

图 2-4   110kV 双母线运行时单母线故障后接线图

2. 处理要点

（1）需掌握的信息。

1）变电站内一、二次设备动作情况：断路器、母差保护、线路保护、主变压器保护、BZT、主变压器过载联切负荷装置等动作情况；

2）一次设备损伤情况：母差保护范围内有无明显故障点、附近设备受影响情况等；

3）失电情况：本变电站及下送变电站等；

4）变电站内的其他情况，例如主变压器负荷、母线电压等；

5）电网的其他情况，例如联络 220kV 变电站负荷增大、一母线带多个变压器等。

（2）处理方案。

1）如果找到故障点并迅速隔离的，送电时用母联断路器保护对停电母线试送，也可考虑用主变压器 110kV 断路器或具有完好保护的线路对侧断路器试送，注意定值放置；

2）如果能找到故障点但不能迅速隔离的，应检查故障母线上主变压器断路器等各元件，确认无故障后，将其冷倒至运行母线并恢复供电，然后逐级送电，对线路送电前需了解线路对侧情况；

3）如果经外部检查找不到故障点时，建议做母线绝缘试验；

4）失电的 110kV 变电站可转移至备用线路供电的，应充分考虑负荷情况及转移方案，防止出现设备过负荷等问题。

（3）注意事项。

1）注意设备过负荷情况，处理过程中防止出现其他设备过负荷；

2）事故后需检查主变压器 110kV 中性点接地情况；

3）注意事故后长距离输电低电压，110kV 转供保护不配等问题；

4）注意保护及自动装置根据运行方式作相应调整；

5）220kV 联络线需防止非同期合闸；

6）合环倒负荷过程中，需确认 220kV 为同一系统。

（4）应用举例。

220kV 变电站 110kV 母线一般采取双母线接线方式，供电可靠性相对较高。但是当发生 110kV 双母线同时故障或检修方式下单母线运行时母线故障等情况，将导致全站 110kV 母线全停。

四、母线故障造成 110kV 母线全停处理

1. 事故后状态说明

110kV 双母线全停故障，母差保护正确动作，切除故障母线上所有断路器，可能造成本变电站内 110kV 母线全停。110kV 双母线全停故障后接线图如图 2-5 所示。

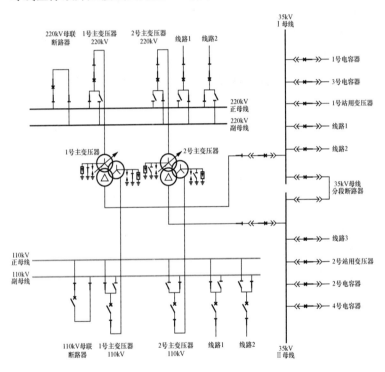

图 2-5 110kV 双母线全停故障后接线图

2. 处理要点

（1）需掌握的信息。

1）变电站内一、二次设备，例如断路器、母差保护、线路保护、主变压器保护、BZT 等动作情况；

2）一次设备损伤情况：母差保护范围内有无明显故障点、附

近设备受影响情况等；

3）失电情况：本变电站及下送变电站等；

4）电网的其他情况，如联络 220kV 变电站负荷增大、一母线带多个变压器等。

（2）处理方案。

1）失电的 110kV 变电站可转移至备用线路供电的，应充分考虑负荷情况及转移方案，防止出现设备过负荷等问题；

2）如果找到故障点并迅速隔离的，送电时建议用主变压器 110kV 断路器或具有完好保护的线路对侧断路器对停电母线试送，并注意定值放置；

3）如果变电站有旁母线，必要时可以考虑通过旁路母线转送方案，需注意保护不配等；

4）如果经外部检查找不到故障点时，建议做母线绝缘试验。

（3）注意事项。

1）注意设备过负荷情况，处理过程中防止出现其他设备过负荷；

2）事故后需检查主变压器 110kV 中性点接地情况；

3）注意事故后长距离输电低电压，110kV 转供保护不配等问题；

4）注意保护及自动装置根据运行方式作相应调整；

5）合环倒负荷过程中，需确认 220kV 为同一系统。

（4）应用举例。

220kV 变电站 110kV 母线一般采取双母线接线方式，供电可靠性相对较高。但是当发生 110kV 双母线同时故障或检修方式下单母线运行时母线故障等情况，将导致全站 110kV 母线全停。

五、220kV 变电站的 35kV 母线故障处理

1. 事故后状态说明

35kV 单母线故障，母差保护正确动作，切除故障母线上所有断路器，可能造成站用电失去。35kV 单母线故障后接线图如图 2-6 所示。

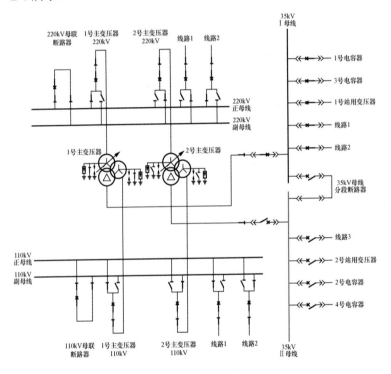

图 2-6　35kV 单母线故障后接线图

2. 处理要点

（1）需掌握的信息。

1）变电站内一、二次设备，例如断路器、母差保护、线路保护、主变压器保护、BZT 等动作情况；

2）一次设备损伤情况：母差保护范围内有无明显故障点、附

近设备受影响情况等；

3）失电情况：本变电站及下送变电站等；

4）电网的其他情况，例如 35kV 用户及电厂厂用电情况等。

（2）处理方案。

1）失电的县调管辖 35kV 线路负荷由县调负责转移，地调配合；

2）如果找到故障点并迅速隔离的，送电时建议用主变压器 110kV 断路器或具有完好保护的线路对侧断路器对停电母线试送，并注意定值放置；

3）如果经检查无明显故障点，建议做母线绝缘试验，有合格结论后请示领导恢复送电；

4）对于分段母线同时故障，且不能立即送电的，应尽快安排所用电恢复方案，如有必要派应急发电车。

（3）注意事项。

1）注意设备过负荷情况，处理过程中防止出现其他设备过负荷；

2）注意 35kV 出线可能属多个调度分管；

3）单主变压器供 35kV 全部负荷时，防止主变压器 35kV 侧过负荷；

4）注意保护及自动装置根据运行方式作相应调整；

5）合环倒负荷过程中，需确认 220kV 为同一系统。

（4）应用举例。

220kV 变电站 35kV 母线一般采取分段母线接线方式，当发生 35kV 双母线同时故障或检修方式下单母线运行时母线故障等情况，将导致全站 35kV 母线全停。

六、母线故障母差保护未动造成的越级事故处理

220kV 母线故障，母差保护未正确动作，此种情况下由对侧 220kV 线路保护动作切除故障母线。

110kV 母线故障，母差保护未正确动作，此种情况下由主变压器中后备保护动作切除故障母线，先跳 110kV 母联断路器，然后跳故障母线对应主变压器 110kV 断路器。由主变压中后备保护动作切除 110kV 故障母线后接线图如图 2-7 所示。

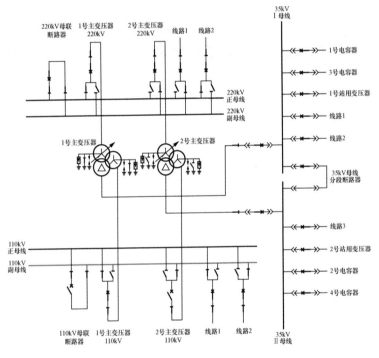

图 2-7　由主变压器中后备保护动作切除 110kV 故障母线后接线图

35kV 母线故障，母差保护未正确动作，此种情况下由主变压器低后备保护动作切除故障母线，先跳 35kV 母线分段断路器、然后跳故障母线对应主变压器 35kV 断路器。由主变压器低后备保护动作切除 35kV 故障母线后接线图如图 2-8 所示。

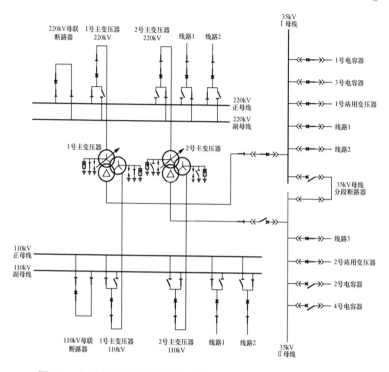

图 2-8 由主变压器低后备保护动作切除 35kV 故障母线后接线图

七、220kV 变电站 220kV 母线非双母线接线类型故障处理

220kV 变电站 220kV 母线为非双母线接线母线故障处理举例：

（1）内桥接线，如其特点是主变压器与母线对应，如果母线故障对应主变压器无法送电，运行主变压器负荷压力增大，供电可靠性降低。

（2）单母线带旁路母线接线，其特点是母线故障将造成全变电站停电，供电可靠性低。单母线带旁路母线接线图如图 2-9 所示。

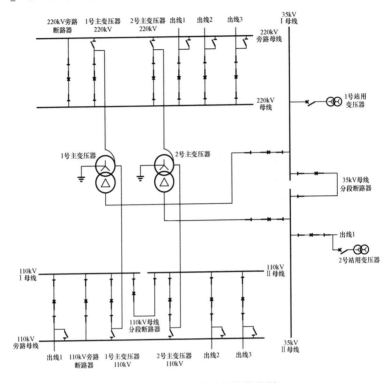

图 2-9　单母线带旁路母线接线图

八、220kV 变电站 110kV 分段母线故障处理

220kV 变电站 110kV 母线为分段母线有单母线分段接线、双母线单分段接线。

单母线分段接线的特点是：停电母线上的线路断路器不能倒排至相邻母线送电，供电可靠性降低，依赖于所接母线和备用供电线路。处理方法是：如果母线故障无法隔离则安排转移负荷；如果母线故障可靠隔离或检查无明显故障则考虑用母联（分）保护试送。

双母线单分段接线的特点是：供电方式较灵活，分段断路器和母联断路器均可作为对母线送电断路器。

32

110kV 单母线分段接线图如图 2-10 所示。

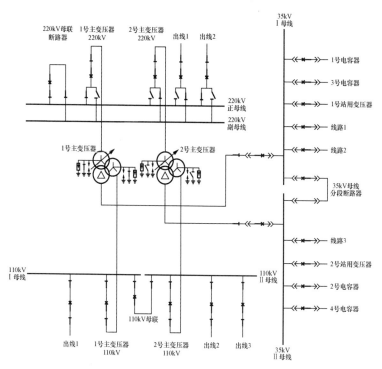

图 2-10　110kV 单母线分段接线图

第三节　110kV 变电站母线故障处理

一、配有母差保护的 110kV 母线故障事故处理

1. 事故后状态说明

110kV 变电站配有 110kV 母差保护主要有两种类型：一是 110kV 变电站内有 110kV 电厂上网线路，多为单母线分段接线，事故后故障母线上所有 110kV 断路器均应跳闸，包括对应主变压器 110kV 断路器，需注意主变压器中低压侧状态，110kV 线路仍

带电，母差保护闭锁 110kV 母线分段 BZT；二是 110kV 电厂或大用户配有 110kV 母差保护，事故后故障母线上所有 110kV 断路器均跳闸，机组解列，110kV 线路仍带电，注意厂用电及保安电源。

2. 处理要点

（1）需掌握的信息。

1）变电站内一、二次设备，例如断路器、母差保护、线路保护、主变压器保护、BZT 等动作情况；

2）一次设备损伤情况：母差保护范围内有无明显故障点、附近设备受影响情况等；

3）失电情况：本变电站及下送变电站等；

4）电网的其他情况，例如相关变电站、电厂、大用户等。

（2）处理方案。

1）失电的县调管辖 35kV 线路负荷由县调负责转移，地调配合；

2）如果找到故障点并迅速隔离的，送电时建议用对侧 110kV 线路对停电母线试送，并注意定值放置；

3）如果经检查无明显故障点，建议做母线绝缘试验；

4）如果找到故障点不能隔离的，则母线改检修，等待消缺。

（3）注意事项。

1）注意设备过负荷情况，处理过程中防止出现其他设备过负荷；

2）合理安排电厂上网方案；

3）注意保护及自动装置根据运行方式作相应调整；

4）合环倒负荷过程中，需确认 220kV 为同一系统。

（4）应用举例。

有 110kV 电厂上网线路的 110kV 变电站，配有 110kV 母差保护的电厂或大用户。

二、母线故障引起主变压器差动保护动作事故处理

1. 事故后状态说明

110kV 母线在主变压器差动保护范围内，故母线故障引起主变压器差动保护动作，对应主变压器失电。事故后主变压器各侧断路器跳闸状态，容易造成主变压器过负荷或单主变压器运行变电站全停。

2. 处理要点

（1）需掌握的信息。

1）变电站内一、二次设备，例如断路器、母差保护、线路保护、主变压器保护、BZT 等动作情况；

2）一次设备损伤情况：主变压器差动范围内有无明显故障点、附近设备受影响情况等；

3）失电情况：本变电站及下送变电站等；

4）站内的其他情况，例如主变压器负荷、母线电压等；

5）电网的其他情况，例如相关变电站负荷情况等。

（2）处理方案。

1）失电的县调管辖 35kV 线路负荷由县调负责转移，地调配合；

2）如果找到故障点并迅速隔离的，送电时建议用对侧 110kV 线路对停电母线试送，并注意定值放置；

3）如果经检查无明显故障点，建议做母线绝缘试验；

4）如果找到故障点不能隔离的，则母线改检修，等待消缺。

（3）注意事项。

1）注意设备过负荷情况，处理过程中防止出现其他设备过负荷；

2）对母线送电时需拉开主变压器 110kV 隔离开关；

3）注意保护及自动装置根据运行方式作相应调整；

4）合环倒负荷过程中，需确认 220kV 为同一系统；

5）事故后需检查主变压器 110kV 中性点接地情况。

（4）应用举例。

110kV 内桥变电站。

三、母线故障引起线路保护动作事故处理

1. 事故后状态说明

110kV 母线没有配置母差保护且不在主变压器差动范围内，靠对侧线路保护切除故障。故障变电站如果 110kV BZT 投入，则 110kV BZT 动作，可能造成主变压器过负荷或变电站全停。

2. 处理要点

（1）需掌握的信息。

1）变电站内一、二次设备，例如线路保护、BZT 等动作情况；

2）一次设备损伤情况：主变压器差动范围内有无明显故障点、附近设备受影响情况等；

3）失电情况：本变电站及下送变电站等；

4）变电站内的其他情况，例如主变压器负荷、母线电压等；

5）电网的其他情况，例如线路有无"T 接"等。

（2）处理方案。

1）失电的县调管辖 35kV 或 10kV 线路负荷由县调负责转移，地调配合；

2）如果找到故障点并迅速隔离的，送电时建议用对侧 110kV 线路对停电母线试送，并注意定值放置；

3）如果经检查无明显故障点，建议做母线绝缘试验；

4）如果找到故障点不能隔离的，则母线改检修，等待消缺。

（3）注意事项。

1）注意设备过负荷情况，处理过程中防止出现其他设备过负荷；

2）事故后需检查主变压器 110kV 中性点接地情况；

3）注意保护及自动装置根据运行方式作相应调整；

4）合环倒负荷过程中，需确认 220kV 为同一系统。

（4）应用举例。

110kV 单母线或单母线分段 110kV 变电站。

四、110kV 变电站 10kV 或 35kV 母线故障

1. 事故后状态说明

110kV 变电站 35kV 或 10kV 母线没有配置母差保护，靠主变压器中低压侧后备保护切除故障，事故后故障母线对应母线分段断路器及主变压器断路器跳闸状态。

2. 处理要点

（1）需掌握的信息。

1）变电站内一、二次设备，例如线路保护、BZT 等动作情况；

2）一次设备损伤情况：包括运行和停电设备，母线有无明显故障点，断路器跳闸次数等；

3）失电情况：本变电站及下送变电站等；

4）变电站内的其他情况，例如站用电等；

5）电网的其他情况，例如线路有无"T 接"等。

（2）处理方案。

1）失电的县调管辖 35kV 或 10kV 线路负荷由县调负责转移，地调配合；

2）如果经检查无明显故障点，建议作母线绝缘试验，有合格结论后请示领导恢复送电，送电时建议用主变压器断路器或母线分段断路器对停电母线试送，注意保护定值；

3）停电母线，如有明显故障点，例如母线有损伤则母线改检修，等待消缺；

4）如果找到故障点不能隔离的，则母线改检修，等待消缺。

（3）注意事项。

1）注意设备过负荷情况，处理过程中防止出现其他设备过负荷；

2）对母线试送时，一般先送空母线；

3）注意保护及自动装置根据运行方式作相应调整；

4）合环倒负荷过程中，需确认 220kV 为同一系统。

（4）应用举例。

110kV 单母线或单母分段 110kV 变电站。

第三章

线 路 故 障

第一节 线 路 故 障 概 述

一、线路故障的原因

1. 外力破坏

违章施工作业，盗窃、蓄意破坏电力设施，超高建筑、超高树木、交叉跨越公路危害电网安全，输电线路下焚烧农作物、山林失火及漂浮物导致线路跳闸。

2. 恶劣天气影响

大风造成线路风偏闪络，输电线路遭雷击跳闸，输电线路覆冰，输电线路闪污。

3. 其他原因

除上述人为和天气原因外，导致输电线路跳闸的原因还有绝缘材料老化、鸟害、小动物短路等。

二、线路故障对电网的影响

（1）当负荷线路跳闸后，将直接导致线路所带负荷停电。

（2）当发电机并网运行的线路跳闸后，将导致发电机解列。

（3）当环网线路跳闸后，将导致相邻线路潮流加重甚至过负荷；或者使电网机构受到破坏，相关运行线路的稳定极限下降。

（4）系统联络线跳闸后，将导致两个电网解列。送端电网将功率过剩，频率升高；受端电网将出现缺额，频率降低。

三、线路跳闸处理基本原则

（1）线路跳闸后（包括重合闸不成功），为加速事故处理，地调值班调度员可以在不查明故障的情况下进行一次强送电（除已确认永久性故障外），但在强送电前应考虑以下事项：

1）正确选择强送端，使电网稳定不遭到破坏。

a. 强送端的断路器要完好，并应具有快速动作的继电保护；现场运行值班人员在强送电前应检查断路器状况，断路器能否强送电由现场值班员检查和判断确定；

b. 对中性点接地系统，强送端变压器的中性点应接地；

c. 对于连接两个以上电源的联络线跳闸，强送电一般选择在装有无压检定重合闸的一端，并检查另一端的断路器确在拉开位置；

d. 如为多级或越级跳闸，视情况可分段对线路进行强送电；

e. 终端线路跳闸后，重合闸不动作，现场运行值班人员可以不经调度指令立即强送电一次；如强送电不成功，可根据地调值班调度员的命令再试送电一次；

f. 重合闸停用的线路跳闸后，地调值班调度员应问清情况后方可强送电；

g. 遇大雾、连续雷击，或者天气晴好时明显近距离故障等跳闸，视负荷情况可暂不考虑强送电，待恶劣的气象条件转好或了解情况后再考虑强送电。

2）下列线路故障跳闸，不论有无重合闸，一般不予强送电：

a. 双回路并列运行线路，当其中一回线路两侧断路器故障跳闸，另一回线路有正常输送能力时；

b. 空充电线路或重合闸停用的电缆与架空线混合线路；

c. 全线为电缆线路，断路器跳闸未经检查前；

d. 新投产线路，若要对新投产线路跳闸后进行强送电，最终应得到启动总指挥的同意。

3）有带电作业的线路故障跳闸后，强送电按如下规定：

a. 工作单位未向地调值班调度员申请提出停用重合闸或故障跳闸后不得强送电者，地调值班调度员按有关规定，可以进行强送电；

b. 工作单位已向地调值班调度员申请提出要求停用重合闸或故障跳闸后不得强送电者，地调值班调度员只有在得到工作单位专职联系人的同意后，才能强送电；现场工作负责人一旦发现线路上无电时，不管何种原因，均应报告地调和工作单位，并由工作单位专职联系人报告地调值班调度员，说明能否进行强送电；

c. 带电作业的线路不得限电拉路。

（2）凡线路跳闸不论重合闸成功与否或单相接地，地调值班调度员应通知有关单位巡查事故原因，由地调值班调度员所通知的一切事故巡线，查线人员均应认为线路带电。如需处理，必须向地调办理停役申请手续，并得到地调值班调度员许可后，方能进行检修。负责巡线检修的单位，应将用户反映的事故现象及巡线情况及时报告地调值班调度员。

（3）地调值班调度员应将故障跳闸时间、故障相、故障测距等继电保护动作情况告诉巡线单位，尽可能根据故障录波器的测量数据提供故障的范围。运行维护单位应尽快安排落实巡线工作。

（4）对电网中由于断线引起铁磁谐振过电压，根据电压表计和出线负荷表计的反映，应立即切除该线路。

四、110kV 线路故障处理分析图

110kV 线路故障处理分析图如图 3-1 所示。

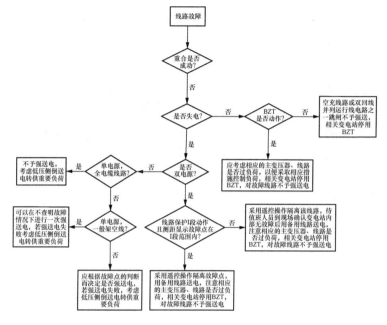

图 3-1　110kV 线路故障处理分析图

第二节　线路故障跳闸处理

一、110kV 线路故障跳闸未造成变电站失电

1. 110kV 线路故障并重合闸成功

掌握保护动作情况、故障相别、保护及故障录波器测距等信息，并许可线路工区对故障线路的事故带电巡线工作。

2. 110kV 线路故障重合闸失败（或未投重合闸），下送变电站 BZT 正确动作

110kV 变电站转移至另一线路供电，应考虑相应的主变压器、线路是否过负荷，下送变电站 BZT 改为信号状态，对故障线路一般不立即予以强送电。

3. 空充线路或双回路并列运行线路之一跳闸

一般不考虑强送电 110kV 故障线路，110kV 变电站 BZT 改为信号状态。

二、110kV 线路故障跳闸造成变电站失电

对失电的大用户，应首先考虑保安电源。

1. 双电源，110kV 变电站 BZT 未动作（或未装 110kV 变电站 BZT）

（1）线路上有故障。

110kV 双电源变电站系统接线图如图 3-2 所示。

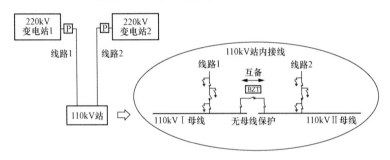

图 3-2　110kV 双电源变电站系统接线图

线路保护 I 段动作测距显示故障点在 I 段范围内，且经检查确认 110kV 变电站内无异常，则基本可判断故障点在线路上。

考虑隔离故障点，用备用线路送电，送电时应注意相应的主变压器、线路是否过负荷，110kV 变电站 BZT 改为信号状态。如跳闸线路故障明确，一般不予强送电。

（2）暂时无法确定故障点。

线路保护 I 段动作，并且测距显示故障点不在 I 段范围内，或线路保护 II 段或 III 段或 IV 段动作，则待值班人员赶到变电站现场作详细检查确认变电站内部母线、主变压器等设备有无故障。

如果变电站内有故障点，需隔离故障点，根据具体情况选择用主供或备用线路逐级送电。

如果变电站内无故障点，为供电线路故障，可用备用线路逐级送电。送电时，应考虑相应的主变压器、线路是否过负荷。如跳闸线路故障明确，一般不予强送电。

2. 单电源

（1）线路上有故障。

110kV 单电源变电站系统接线图如图 3-3 所示。

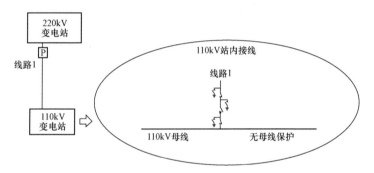

图 3-3　110kV 单电源变电站系统接线图

线路保护 I 段动作测距显示故障点在 I 段范围内，且经检查确认 110kV 变电站内无异常，则基本可判断故障点在线路上。可以考虑将线路对侧断路器改为热备用后，分情况考虑强送。

1）全电缆线路：不予强送电，考虑低压侧倒送电转供重要负荷。

2）电缆与架空线混合线路：应根据故障点的判断而决定是否强送电。为防止励磁涌流过大，可考虑逐级送电。若强送电失败，考虑低压侧倒送电转供重要负荷。

3）架空线路：可以在不查明故障情况下进行一次强送电。为防止励磁涌流过大，可考虑逐级送电。若强送电失败，考虑低压侧倒送电转供重要负荷。

（2）暂时无法确定故障点。

线路保护 I 段动作，并且测距显示故障点不在 I 段范围内，或线路保护 II 段或 III 段或 IV 段动作，则待值班人员赶到变电站现场作详细检查确认变电站内部母线、主变压器等设备有无故障。

如果变电站内有故障点，需隔离故障点，考虑强送电一次。

如果变电站无故障点，为供电线路故障，考虑低压侧倒送电转供重要负荷。送电时，应注意相应的主变压器、线路是否过负荷。如跳闸线路故障明确，一般不予强送电。

三、220kV 终端线路故障跳闸未造成变电站失电

220kV 终端变电站如果一条 220KV 线路故障跳闸，选择在系统侧进行强送电，强送电时送电端方式及保护不需调整。

强送电不成，如另一条运行线路保护为高频保护，且受电端保护无弱馈功能，应将受电端线路保护、重合闸改信号，且送电端重合闸改为特重方式（无特重方式则重合闸改信号）；如另一条运行线路保护为高频保护，且受电端有弱馈功能或光纤保护，保护不用调整。

但因方式薄弱，可视线路故障严重情况安排 110kV 倒送电做防全停措施，安排发电车备用。

四、220kV 终端线路故障跳闸造成变电站失电

220kV 终端变电站如果两条 220kV 线路同时跳闸导致 220kV 变电站全站失电，根据保护动作情况依次从系统侧对 220kV 线路分别强送电一次，如均失败，通过 110kV 系统倒送电。县调负责尽快恢复站用电。

第四章

35kV 及以下母线电压异常

第一节 35kV 及以下母线电压异常概述

一、电压异常的原因及影响

1. 低电压原因及影响

电力系统运行中的低电压一般是由于无功电源不足或无功功率分布不合理造成的。发电机、调相机非正常停运以及并联电容器等无功补偿设备投入不足是无功电源不足的主要原因，变压器分接头调整和串联电容器投退不当则会造成无功功率分布不合理。

低电压可造成电炉、电热、整流、照明等设备不能达到额定功率，甚至无法正常工作。此外，低电压情况下，线路和变压器的功率传输能力降低，使输变电设备的容量不能充分利用；另一方面，低电压时输送电流增大，会造成不必要的电网损耗。

2. 高电压原因及影响

电网局部无功功率过剩是造成高电压的根本原因。负荷反送无功功率，空负荷、轻负荷架空线路和电缆线路发出无功功率都会导致电网局部无功功率过剩。在无功功率过剩的情况下，如果发电机进相能力不足，电抗器和并联电容器未及时投退，变压器分接头调整不当，无法合理调整过剩的无功，局部电网电压就会升高。

各种负荷设备有其规定的正常运行电压范围，高电压可能造成负荷设备减寿或损坏。对电网而言，高电压会增加变压器的励磁损耗，并造成变电设备绝缘寿命缩短甚至绝缘损坏。

二、电压异常处理基本原则

（1）地方电厂并网线路，若发生接地现象，地调试拉（试跳）前，应通知下级调度或电厂值长将相关机组解列。

（2）发生单相接地故障时，应避免该接地系统内其他计划检修设备的停复役操作，禁止用隔离开关断开接地故障设备。

（3）判明接地故障线路后，地调值班调度员应立即通知有关单位，被通知单位应迅速组织人员进行检查处理，不得拖延时间。查线中，如发现线路断线等直接威胁人身或设备安全时，应立即汇报相关调度将该故障线路停电。查出故障线路后，一般应予以停电。必要时可暂运行一段时间，但接地运行最多不超过 2h。

（4）由于带永久性单相接地故障运行时间较长会引起母线电压互感器严重发热，或已达到电压互感器规定时间（2h），应切除故障线路。如气候恶劣，为避免扩大事故，亦应尽快切除单相接地故障线路。

（5）电网中由于某些原因的激发，电压互感器的电感与线路及母线设备对地电容可能引起铁磁谐振过电压，过电压的形式可能是单相、二相或三相对地电压升高或相电压以低频小摆动。一经判断后，可采用电压互感器开口三角绕组阻尼电阻或改变网络参数来解决。严禁用隔离开关操作电压互感器改变电感参数的方法。

（6）对电网中由于断线引起铁磁谐振过电压，根据电压表计和出线负荷表计的反映，应立即切除该线路。

三、35kV 及以下母线电压异常处理分析图

35kV 及以下母线电压异常处理分析图如图 4-1 所示。

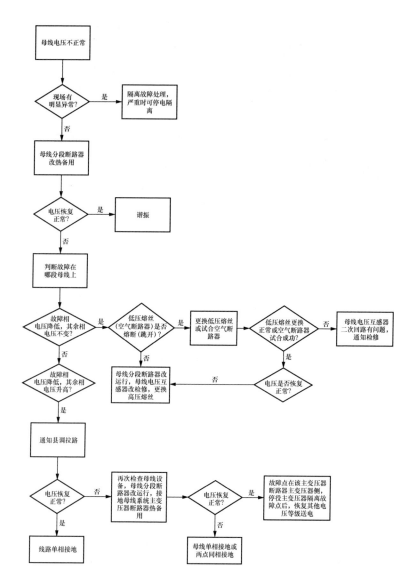

图 4-1 35kV 及以下母线电压异常处理分析图

第二节 35kV 及以下母线电压异常处理

一、设备故障的电压表现及判断

表 4-1 以 U 相故障为例，列出各故障类型的电压显示值，以供参考。

表 4-1 各故障类型的电压显示值（以 U 相故障为例）

故障类型	电压显示值			接地信号	处理要点	备 注
	U_u	U_v	U_w			
U 相完全接地	零	线电压	线电压	有	逐一试拉馈线及改变运行方式，查找接地点并隔离	可参考接地选线装置
U 相不完全接地	低于相电压	高于相电压,低于线电压	高于相电压,低于线电压	接地程度有关		
U 相低压熔丝熔断	零	相电压	相电压	无	试合空气断路器或更换低压熔丝	
U 相高压熔丝熔断	显著降低	相电压	相电压	可能有	母线电压互感器改为检修，查看高压熔丝是否熔断，若熔断应更换	
消弧线圈脱谐度过低	电压一般显示为一相降低、两相升高				任意拉合一条馈线（或补偿站用变压器），电压异常不再出现	与不完全单相接地现象类似
谐振	三相电压异常升高，表计可能达到满刻度，三相电压基本平衡			无	改变电网参数就可消除（如拉合母线分段断路器）	母线电压互感器会发出嗡嗡声
U 相断相	断相时：U 相电流为 0；V/W 相增加 断相后：出现零序和负序电流，正序电流减小			无	根据电压表计和出线功率表计的反应，立即切除该线路	实际运行中发生概率较小

二、接地或消弧线圈脱谐度过低的判别及处理

（1）如果馈线对侧的变电站电压异常，则可确定有接地点；

（2)拉开接地母线系统电容器断路器、站用变压器断路器(站用电先进行切换到正常母线）等设备；

（3）再逐一试拉各馈线，并判断是否消弧线圈脱谐度过低；

（4）再次检查母线上的所有设备，户外设备检查均没有问题后，再检查户内设备。母线并列，接地母线系统主变压器断路器热备用，以确定接地点是否会在该主变压器断路器的主变压器侧。如果确定接地点在母线与主变压器断路器之间，需停役主变压器隔离故障；

（5）多点同相接地：将该母线所有馈线都拉闸，以确定是不是母线故障，再逐一试送电馈线，确定故障线路。

三、电压互感器熔丝熔断与接地故障同时出现的处理

若同时出现电压互感器三相或两相熔丝熔断且线路单相接地，应先处理接地故障，再处理电压互感器熔丝熔断。

附录　　　　地区电网事故汇报单

地区电网事故汇报（主变压器故障）

事故发生日期	年　月　日	事故发现时间	时　分
事故跳闸情况	天气	气温	
	变电站名称		
	汇报人		
	断路器跳闸情况		
	保护动作情况 （时间要求精确到毫秒）		
	其他主变压器是否过负荷 （如果过负荷则需根据《主变压器过负荷能力表》填写其初始负荷是 0.8 倍还是 1 倍，以及相应的允许过负荷倍数和允许过负荷时间）		
	主变压器过负荷联切装置动作情况		
	是否有断路器拒跳		
	设备检查情况，故障点具体位置		
	故障相别	故障电流	TA 变比
	事故后状态（包括失电范围、BZT 动作情况等）		
	失电负荷合计		万千瓦
	恢复带电起始时间		时　分
	全部恢复带电时间		时　分
	最长停电时间		小时
	损失电量合计		万千瓦时

51

续表

有无其他异常 情况	
设备损伤情况	
通知相关专业 部门	
相关职能部门 领导意见	

填写人： 审核人：

地区电网事故汇报（母线故障）

事故发生日期	年 月 日		事故发现时间	时 分
事故跳闸情况	天气		气温	
	变电站名称			
	汇报人			
	断路器跳闸情况			
	断路器检查情况			
	保护动作情况（时间要求精确到毫秒）			
	故障点具体位置			
	故障相别	故障电流	TA 变比	
	事故后状态（包括失电范围、BZT 动作情况等）			
	损失负荷合计			万千瓦
	恢复带电起始时间			时 分
	全部恢复带电时间			时 分
	最长停电时间			小时
	损失电量			万千瓦时
有无其他异常情况				
设备损伤情况				
通知相关专业部门				
相关职能部门领导意见				

填写人：　　　　　　　　　　审核人：

地区电网事故汇报（线路故障）

事故发生日期	年　月　日		事故发现时间		时　分
事故跳闸情况	天气			气温	
	变电站名称				
	汇报人				
	保护动作时间			时　分　秒　毫秒	
	断路器跳闸情况				
	保护动作情况				
	故障相别	故障电流		TA 变比	
	重合闸是否投入		重合闸动作情况		
	保护测距	千米	失电的变电站		
	故障录波器测距	千米	事故前负荷		万千瓦
	线路全长	千米	恢复带电时间		时　分
	断路器检查情况		停电时间		小时
	还允许事故跳闸	次	损失电量		万千瓦时
有无其他异常情况					
许可线路队带电巡线及巡线结果					
征询相关专业部门意见					
汇报领导及其意见					

填写人：　　　　　　　　　　　审核人：

地区电网事故汇报（母线电压异常）

事故发生日期	年 月 日	事故发现时间		时 分
事故情况	变电站名称			
	汇报人			
	天气/气温			
	集控站（操作站）到现场所需时间			
	母线相电压		母线二次电压	
	U_U	kV	U_U	kV
	U_V	kV	U_V	kV
	U_W	kV	U_W	kV
	$3U_0$		$3U_0$	
	35kV（或10kV）母线分段断路器是否并列			
	保护告警信息			
	接地选线装置显示			
	空气断路器跳开或电压熔断器熔断			
有无其他异常情况				

填写人：   审核人：